解密经典兵器

近战英雄——
冲锋枪

★★★★★ 崔钟雷 主编

吉林美术出版社 | 全国百佳图书出版单位

前言
QIAN YAN

　　世界上每一个人都知道兵器的巨大影响力。战争年代，它们是冲锋陷阵的勇士；和平年代，它们是巩固国防的英雄。而在很多小军迷的心中，兵器是永恒的话题，他们都希望自己能成为兵器的小行家。

　　为了让更多的孩子了解兵器知识，我们精心编辑了这套《解密经典兵器》丛书，通过精美的图片为小读者还原兵器的真实面貌，同时以轻松而严谨的文字让小读者在快乐的阅读中掌握兵器常识。

编　者

目录 MULU

第一章 美国冲锋枪

- 8　M1/M1A1 冲锋枪
- 12　M3 冲锋枪
- 14　M10/M11 冲锋枪
- 18　柯尔特 9 毫米冲锋枪
- 22　M76 冲锋枪
- 24　KRISS Super V 冲锋枪

第二章 俄罗斯冲锋枪

- 28　PPSh41 冲锋枪
- 30　AEK-919K 冲锋枪
- 34　PP-90 冲锋枪
- 38　PP-93 冲锋枪
- 40　PP-19"野牛"冲锋枪
- 42　PP-90M1 冲锋枪
- 44　AKS-74U 冲锋枪
- 48　PP-2000 冲锋枪

第三章 德国冲锋枪

- 52　MP5（标准型）冲锋枪
- 56　MP5K 冲锋枪
- 60　MP5/10 冲锋枪
- 64　HK UMP45 冲锋枪
- 66　MP7 冲锋枪
- 70　HK53 冲锋枪
- 72　MP43 冲锋枪
- 76　MPL 冲锋枪
- 78　MPK 冲锋枪

第四章 意大利冲锋枪

- 82　M12 冲锋枪
- 84　M4 冲锋枪

第五章 其他国家冲锋枪

- 88 英国 司登冲锋枪
- 92 奥地利 MPi69 冲锋枪
- 94 奥地利 TMP 冲锋枪
- 96 瑞士 MP9 微声冲锋枪
- 98 葡萄牙 卢萨冲锋枪
- 100 瑞典 M45 冲锋枪
- 102 捷克 VZ61 冲锋枪
- 104 南斯拉夫 MGV-176 冲锋枪
- 106 波兰 PM84 冲锋枪
- 108 比利时 FN P90 冲锋枪
- 110 以色列 乌兹冲锋枪

第一章
美国冲锋枪

解密经典兵器

M1/M1A1 冲锋枪

M1 冲锋枪

　　M1 冲锋枪是一种枪管短、发射手枪子弹的抵肩或手持射击的轻武器,可装备步兵、伞兵、侦察兵、炮兵、摩步兵等不同兵种。M1 冲锋枪采用后坐作用运作系统,射速较低,但易于控制,同时还装配了易于生产的 30 发直式弹匣。

优劣参半

M1冲锋枪虽然具有威力大、杀伤力强的优点,但也存在不足之处,如结构复杂,枪身较长,重量较大等。

解密经典兵器

简化

　　M1冲锋枪是以M1928A1冲锋枪为蓝本设计而成的，但也有一定简化，最明显的就是M1冲锋枪取消了枪管散热器和齿形减震器。

M1A1 冲锋枪

　　M1A1 冲锋枪是 M1 冲锋枪的简化版，它是美国最后一款军用汤普森冲锋枪。在外观上 M1A1 冲锋枪与 M1 冲锋枪基本相同，而不同的地方是 M1A1 冲锋枪上没有三角形击铁，并且把活动撞针改为固定撞针。

机密档案

型号：M1

口径：11.43 毫米

枪长：811 毫米

枪重：4.78 千克

弹容：20 发 /30 发

理论射速：600 发 / 分—700 发 / 分

解密经典兵器

M3 冲锋枪

结构特点

M3 冲锋枪的抛壳窗上方安装有手动防尘盖，防尘盖内侧的突起则起到了固定枪机保险的作用。M3 冲锋枪的枪管是通过接套固定在机匣前端的，接套表面刻有防滑纹路，在没有专用工具的情况下可直接用手转动接套卸下枪管。

材质

M3 冲锋枪广泛采用普通金属冲压件，并以先进的精锻方法加工枪管。

近战英雄——冲锋枪

改进型号

M3冲锋枪在进入战场后，缺点逐渐显露出来，因此美国陆军决定重新设计。1944年12月，改进型号被正式选定为美军制式武器，其制式名称为"M3A1冲锋枪"。

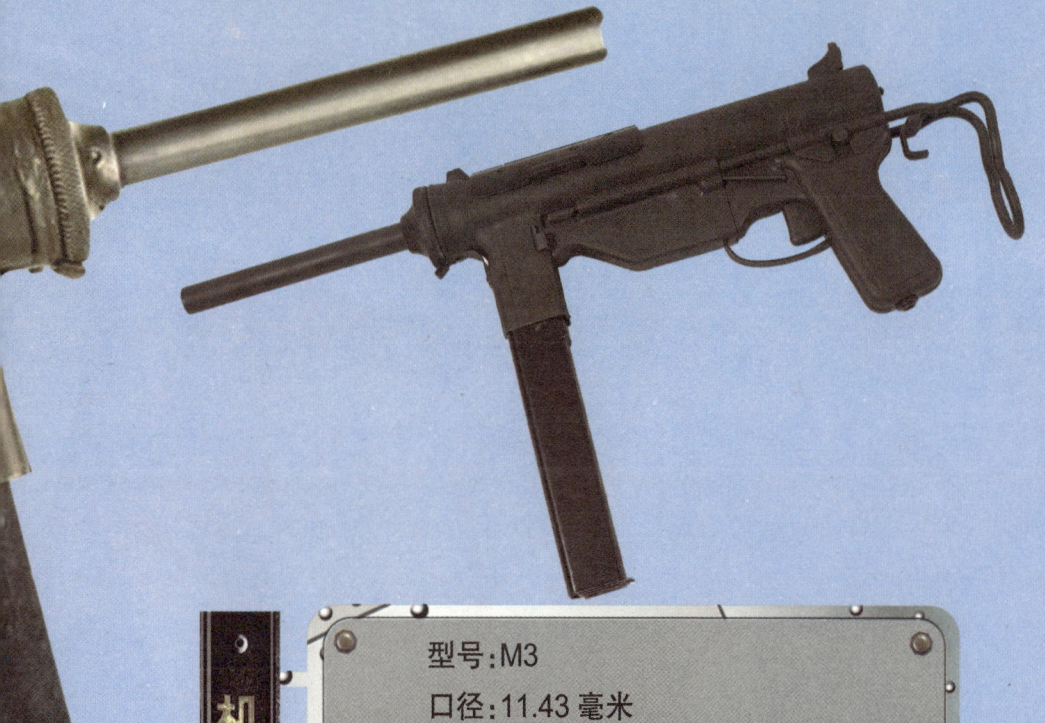

机密档案

型号：M3

口径：11.43毫米

枪长：757毫米

枪重：3.63千克

弹容：30发

理论射速：450发/分

解密经典兵器

M10/M11 冲锋枪

发展过程

1964年，美国人戈登·英格拉姆开始设计M10和M11冲锋枪，1969年，美国军用武器装备公司开始生产这两种冲锋枪。为扩大其销售市场，这两种枪都有标准型和民用型两种型号，其中标准型为军队和警察的专用型号。

你知道吗？

M10冲锋枪的机匣前端枪管上挂有一个帆布把手，射击时射手用一只手扣动扳机，用另一只手握持帆布把手，以便控制枪口上跳。

近战英雄
——冲锋枪

解密经典兵器

不同之处

M10 和 M11 冲锋枪的不同之处在于：M10 冲锋枪有 11.43 毫米和 9 毫米两种口径，11.43 毫米口径的 M10 容弹量为 30 发，9 毫米口径的 M10 容弹量为 32 发；而 M11 冲锋枪采用容弹量为 16 发和 32 发的直弹匣。

结构特点

M10 和 M11 冲锋枪结构紧凑，大量采用高强度钢板冲压件，结实耐用，可安装消声器。M10 和 M11 冲锋枪均采用自由枪机式工作原理。它们的结构基本相同，机匣分为上下两部分，枪管大部分位于机匣中，从而缩短了整枪长度。

机密档案

型号：M10

口径：11.43 毫米 /9 毫米

枪长：548 毫米

枪重：2.84 千克

弹容：30 发

理论射速：1 145 发 / 分

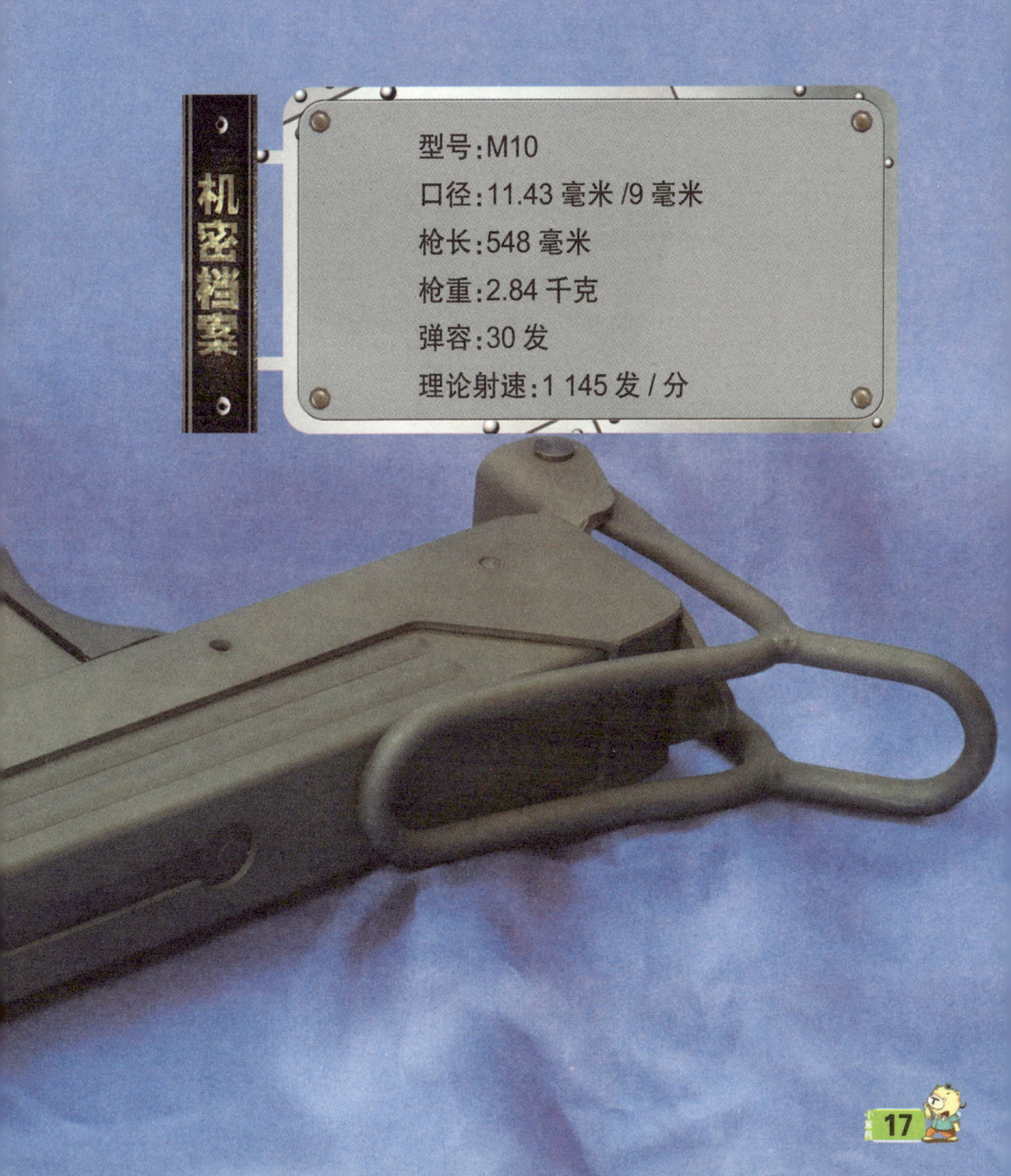

解密经典兵器

柯尔特9毫米冲锋枪

结构特点

柯尔特9毫米冲锋枪由美国柯尔特公司制造。在外观上，柯尔特9毫米冲锋枪有很多部件都与AR-15步枪相似，包括枪托、握把、提把、护木、机匣等。柯尔特9毫米冲锋枪采用直托缓冲系统，有效减小了枪机的后坐力。

近战英雄
——冲锋枪

瞄准设备

柯尔特9毫米冲锋枪采用机械瞄准具,准星为柱形,底部有螺纹,可进行高低调节。表尺为L形翻转式,有两个觇孔照门,可以调整风偏。表尺射程为50米和100米。

解密经典兵器

设计特点

柯尔特9毫米冲锋枪在设计上采用直线式结构,机匣用铝合金制成,其上安装有提把。扳机护圈可向下打开,这样便于射手戴手套时扣压扳机。

近战英雄——冲锋枪

前护木

柯尔特9毫米冲锋枪的前护木由塑料制成,护木上有多圈环槽,保证使用者可以稳定射击。

机密档案

型号:柯尔特(9毫米)

口径:9毫米

枪长:730毫米

枪重:2.59千克

弹容:20发/32发

理论射速:700发/分—1 000发/分

解密经典兵器

M76 冲锋枪

结构特点

M76 冲锋枪的握把和弹匣插座焊接在机匣底部。击发机构安装在机匣下方，可拆卸下来进行维护。该枪的机械瞄准具由简单的觇孔和不可调的准星组成。用简单的薄钢板制成的向左折叠的枪托，稳定性不如瑞典或埃及用钢管制造的弧形枪托。

直式弹匣

M76 冲锋枪配备的直式弹匣弹容量较高，可以保证火力的持续性。

机密档案

型号：M76
口径：7.62 毫米
枪长：914 毫米
枪重：3.6 千克
弹容：15 发 /20 发 /30 发
理论射速：700 发 / 分

近战英雄——冲锋枪

　　M76冲锋枪采用自由枪机式工作原理，开膛待击，可单发或连发射击。该枪采用钢条制成的折叠式枪托，可减小枪身体积；快慢机位于枪的两侧，机匣由无缝钢管制成。

解密经典兵器

KRISS Super V 冲锋枪

性能特点

KRISS Super V 冲锋枪是一种后坐力很小的冲锋枪,而且该冲锋枪要比同类同等大小的武器轻 50%。KRISS Super V 冲锋枪容易控制,外形紧凑小巧且方便携带,很适合狭窄空间内的近距离战斗,或供非一线战斗人员用作自卫武器。

KRISS Super V 冲锋枪采用了一种把后坐冲力向下方转移的技术,使枪口在射击的时候基本不会上跳。

近战英雄——冲锋枪

科普课堂

KRISS Super V 冲锋枪装填拉柄的杠杆形把手在不使用的时候会在弹簧拉力的作用下自动平贴在机匣侧面，因此在携带或做战术动作时不容易钩挂。

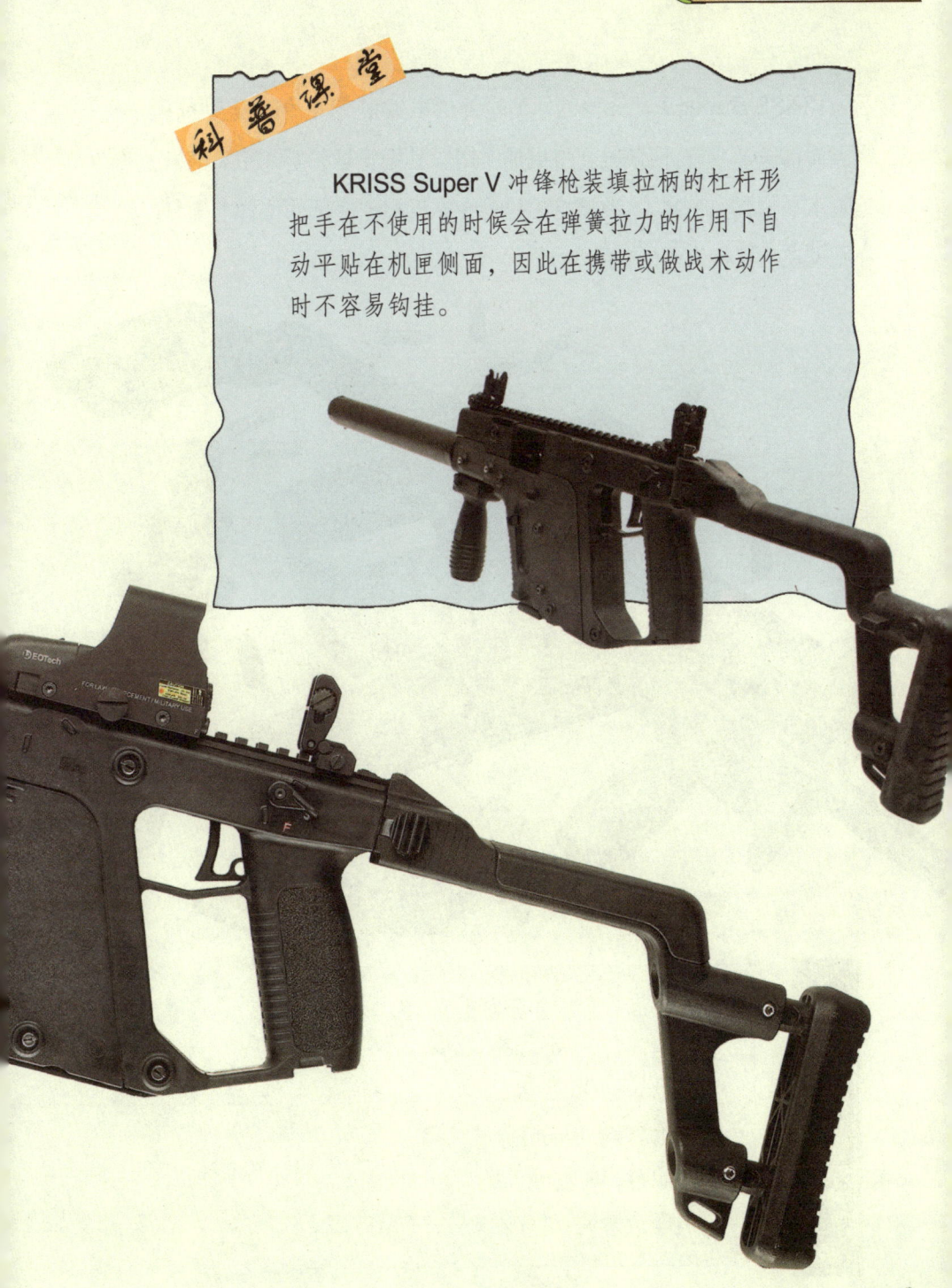

解密经典兵器

主要改进

KRISS Super V 冲锋枪的原型枪外形虽然很奇特,但在定型前很多方面都做了改进,使该枪变得更加实用。其枪管延长至 139.7 毫米,枪管水平位置也抬高了,原型枪的枪管在靠近握把底部的位置上,而现在则处在与扳机水平的位置。

机密档案

型号:KRISS Super V

口径:11.43 毫米

枪长:406 毫米

枪重:2.18 千克

弹容:13 发 /28 发

理论射速:800 发 / 分—1 100 发 / 分

第二章
俄罗斯冲锋枪

解密经典兵器

PPSh41 冲锋枪

卓越性能

PPSh41 冲锋枪与德国的 MP40 冲锋枪相比，显得十分平凡，但该枪比 MP40 更加可靠，射速更快，弹药量是 MP40 的 2 倍，还可以使用威力更大的枪弹，因此它被誉为"第二次世界大战时期最好的冲锋枪"。

设计特点

PPSh41 冲锋枪的首要设计目标是结实耐用，并要适于大规模生产，所以在设计的过程中并没有对成本提出过高的要求，因而才会出现木质枪托和散热筒等对于其他冲锋枪而言很奢侈的部件。

近战英雄
——冲锋枪

机密档案

型号：PPSh41

口径：7.62 毫米

枪长：843 毫米

枪重：3.64 千克

弹容：35 发/70 发

理论射速：900 发/分

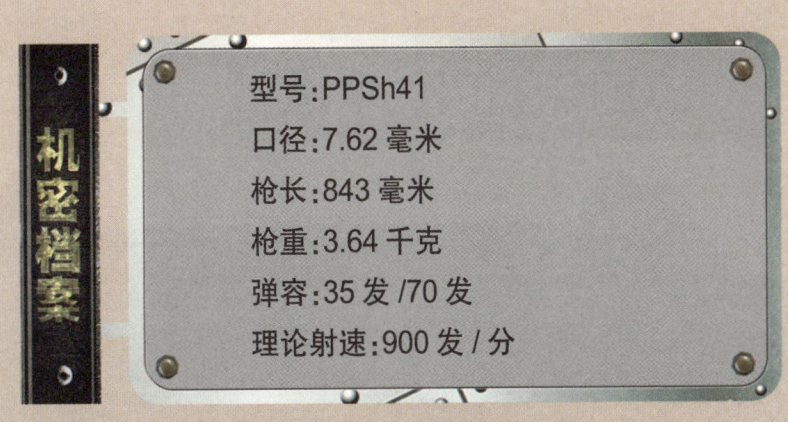

结构特点

　　PPSh41冲锋枪枪管膛内镀铬，以减轻枪管磨损。枪管护管的前端超出枪口并微向下倾斜，具有防止枪口上跳和制退的作用。PPSh41冲锋枪早期型配有由多层皮革制成的缓冲垫，用来吸收武器发射子弹时产生的后坐力，以提高射击精度。

解密经典兵器

AEK-919K 冲锋枪

研发背景

20世纪90年代中期,科若库基础机械设计局借鉴了一些奥地利施泰尔MPi69冲锋枪的技术特点,为俄罗斯军队和特警部队研制了AEK-919冲锋枪。在初期试验后,AEK-919冲锋枪得到了改进,改进后的新型号被命名为AEK-919K冲锋枪。

前卫设计

AEK-919K 冲锋枪枪机是当代冲锋枪中最流行的包络式枪机,这种形式的枪机既缩短了全枪长度,又可以在发生迟发火或早发火故障时避免损坏枪的工作机构或伤害射手。

解密经典兵器

结构特点

　　AEK-919K 冲锋枪的拉机柄位于枪身左侧，在射击时是固定不动的。AEK-919K 冲锋枪的枪托为伸缩式，并带有一个可翻转的塑料托底板。托底板在竖直位置时可供射手抵肩射击，转到水平位置时射手则可以曲臂持枪，将枪托抵在臂弯处携行。该枪的握把、扳机护圈和护手采用强化塑料一体浇铸制成。

近战英雄——冲锋枪

消声器

AEK-919K 冲锋枪能够安装可拆卸的消声器，这可以令射手在室内环境中射击时减少对耳朵的伤害，最重要的是这样能够提高战术行动的保密性和隐蔽性。

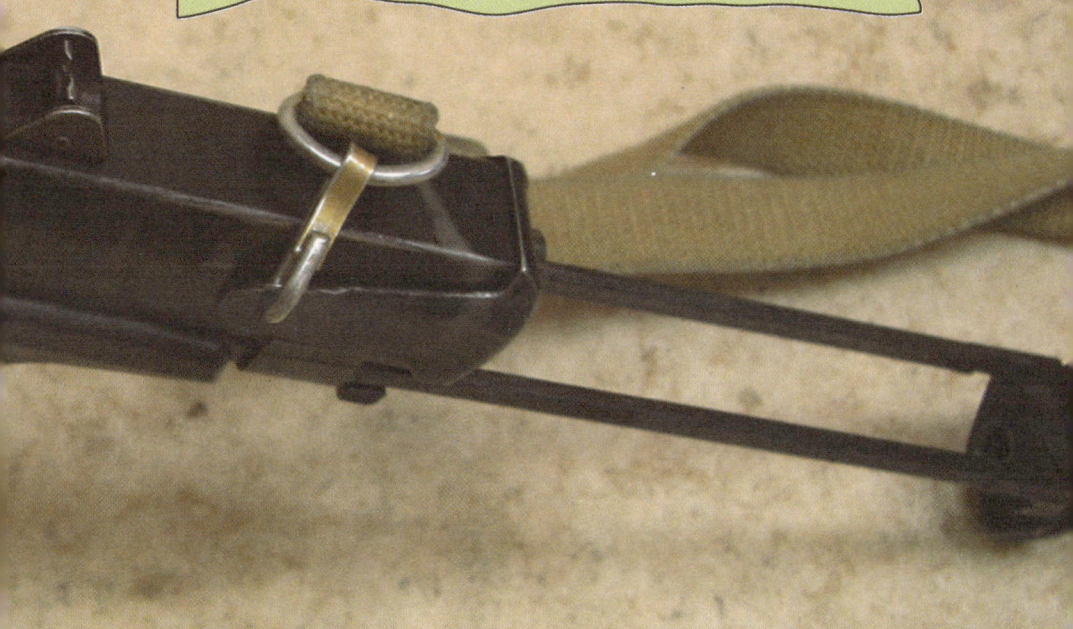

机密档案

型号：AEK-919K

口径：9毫米

枪长：485毫米（枪托展开）

枪重：1.65千克

弹容：20发/30发

理论射速：900发/分

解密经典兵器

PP-90 冲锋枪

设计特点

　　PP-90 冲锋枪由 KBP 设计局设计，是阿雷斯 FMG 的仿制品。该枪采用自由枪机工作原理，弹匣为盒形，因未装有快慢机，所以只能进行全自动射击。枪膛尾端是 PP-90 冲锋枪的折叠位置，想要展开折叠状态的 PP-90 冲锋枪，需要先压下一个盒式活动连接销，松开两个铰接机构，武器便可展开。

你知道吗

　　PP-90 冲锋枪是一种可折叠的自动武器。该枪结构紧凑，可迅速展开进入射击准备状态，便于隐藏携带。

近战英雄
——冲锋枪

解密经典兵器

改进型号

　　PP-90M 冲锋枪是 PP-90 冲锋枪的改进型，对 PP-90 冲锋枪一些使用上的缺陷进行了改进。PP-90M 冲锋枪是专门为警察部队的特种作战任务设计的，发射 PM 手枪弹。PP-90M 冲锋枪操作性能提高了，射击时枪身相对平稳，确保了比较小的可控点射散布。

机密档案

型号：PP-90

口径：9 毫米

枪长：490 毫米（枪托展开）

枪重：1.83 千克

弹容：30 发

理论射速：600 发/分—800 发/分

近战英雄——冲锋枪

美中不足

对大多数使用者而言，PP-90给人的第一印象是新奇。但PP-90冲锋枪的可靠性差，舒适度一般，操作性能也很差，因此并未被广泛使用。

解密经典兵器

PP-93 冲锋枪

结构特点

PP-93 冲锋枪的外形特点与完全展开的 PP-90 冲锋枪基本相同，但由于 PP-93 冲锋枪并不具备折叠功能，所以其内部结构和外部连接点的设计并不复杂，枪身也更加坚固。

主要改进

相比 PP-90 冲锋枪，PP-93 冲锋枪的可靠性有了很大提高，而且 PP-93 冲锋枪在 PP-90 冲锋枪的基础上，对人体工程学技术进行了更合理的改进。同时，PP-93 冲锋枪具有很好的精确度，可使用激光指示器和消声器等附件。

设计特点

PP-93 冲锋枪是 PP-90 折叠式冲锋枪的一种非折叠改进型，全枪由钢板冲压制成，采用自由枪机式工作原理，但与 PP-90 冲锋枪不同的是，PP-93 冲锋枪在扳机护圈上方有滑动式保险/快慢机，因此能够选择单发或连发射击模式。

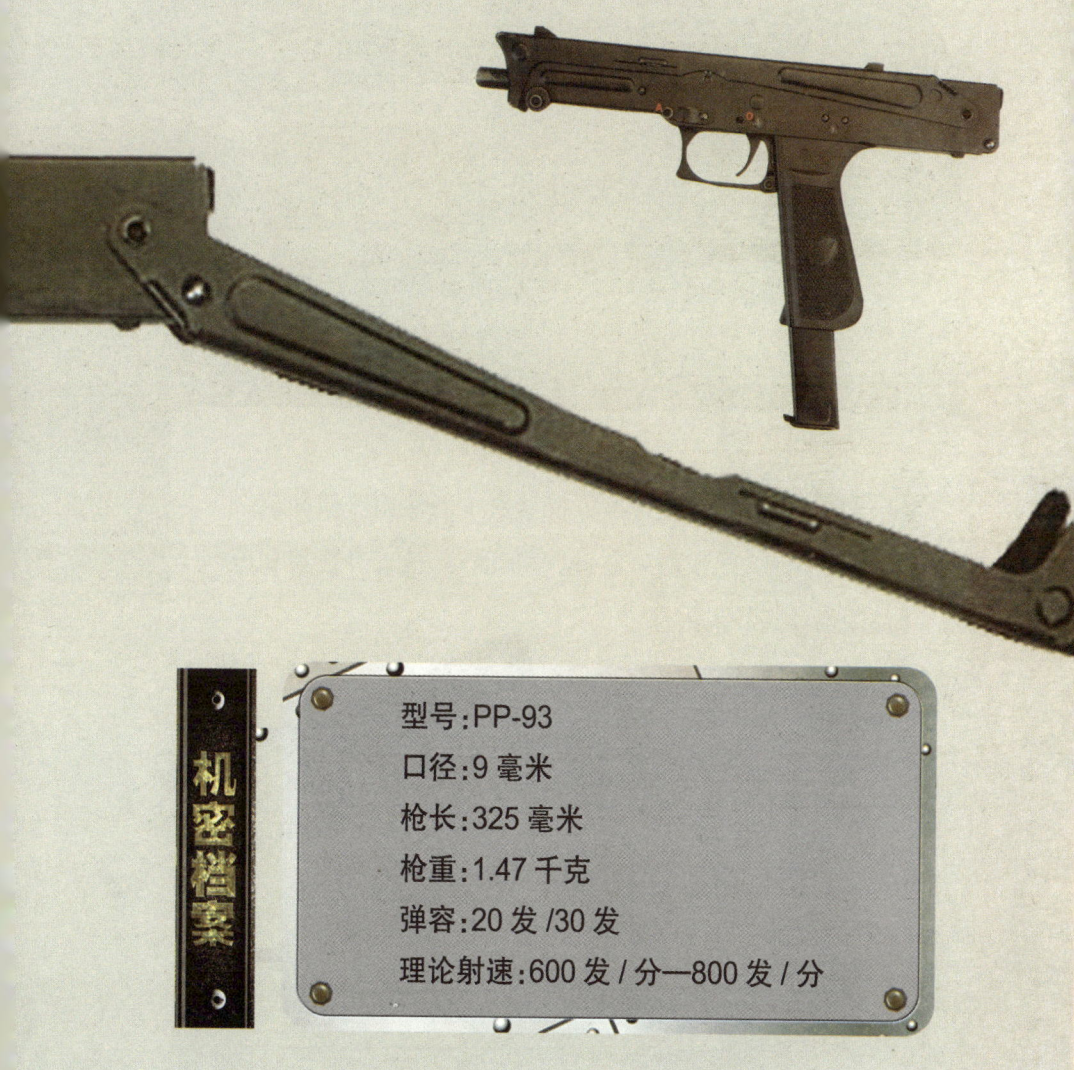

机密档案

型号：PP-93

口径：9 毫米

枪长：325 毫米

枪重：1.47 千克

弹容：20 发/30 发

理论射速：600 发/分—800 发/分

解密经典兵器

PP-19"野牛"冲锋枪

战术附件

PP-19"野牛"冲锋枪可根据射手的使用习惯和战术任务的需要，配备消声器、枪口制退器、枪口补偿器和枪口消焰器等战术附件。

改进型号

"野牛"-2和"野牛"-3是PP-19"野牛"冲锋枪通过更换不同形式的后瞄准具和枪托衍变而来的两种型号。"野牛"-2的后瞄准具为滑动式表尺和缺口式照门，"野牛"-3为旋转翻起式照门。

设计特点

　　复合材料制作的筒形弹匣是 PP-19"野牛"冲锋枪最引人注目的地方。筒形弹匣安装在枪管的下方,可充当护木使用。筒形弹匣的重心位置适当,而且在持续射击时还可以起到隔热作用。最新改进的弹匣在右侧增加了四个开口,分别标有 4、24、44 和 64,用于显示弹匣中的余弹量。

机密档案

型号:PP-19

口径:9 毫米

枪长:425 毫米

枪重:2.1 千克

弹容:64 发

理论射速:700 发 / 分

解密经典兵器

PP-90M1 冲锋枪

全新设计

PP-90M1 冲锋枪采用大容量的弹筒供弹,所以,外形与 PP-19 冲锋枪相似。PP-90M1 冲锋枪采用自由枪机式工作原理,枪身大量采用工程塑料件。除向上折叠的枪托采用钢板冲压制成外,其余主体均由塑料制成。

近战英雄——冲锋枪

单手射击

PP-90M1冲锋枪外形十分小巧，射手可单手射击，但是单手射击时不易操控。

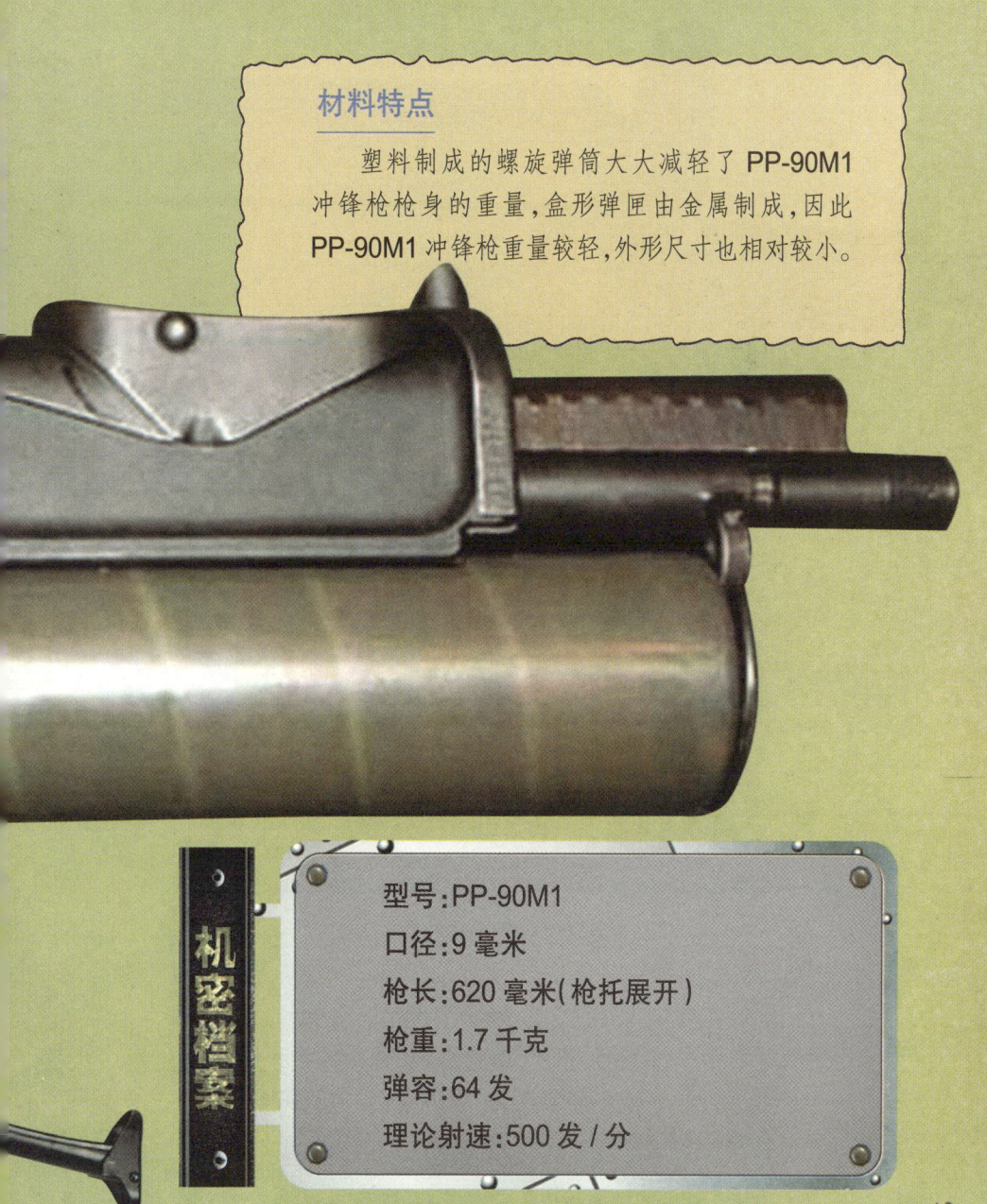

材料特点

塑料制成的螺旋弹筒大大减轻了PP-90M1冲锋枪枪身的重量，盒形弹匣由金属制成，因此PP-90M1冲锋枪重量较轻，外形尺寸也相对较小。

机密档案

型号：PP-90M1

口径：9毫米

枪长：620毫米（枪托展开）

枪重：1.7千克

弹容：64发

理论射速：500发/分

解密经典兵器

AKS-74U 冲锋枪

生产装备情况

AKS-74U 冲锋枪是由苏联枪械设计师卡拉什尼科夫在 AK 系列步枪的基础上改进而成的，是 AKS-74 冲锋枪的短枪管版本，也是 AK-74 突击步枪的独立变种版本，由苏联国家兵工厂制造，1974 年定型生产，1977 年装备苏联部队。

设计特点

设计者卡拉什尼科夫在 AK-74 步枪的基础上，通过改进枪管长度、膛线密度、弹膛形状、自动机构和供弹机构后，设计出了 AKS-74U 冲锋枪，但 AKS-74U 冲锋枪仍有部分零件可以与 AK-74 步枪通用。

近战英雄
——冲锋枪

45

解密经典兵器

机密档案

型号：AKS-74U

口径：5.45 毫米

枪长：735 毫米（枪托展开）

枪重：2.71 千克

弹容：弹鼓 90 发

理论射速：650 发 / 分—1 000 发 / 分

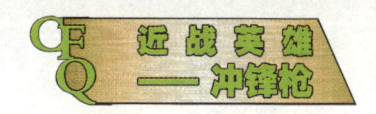

结构特点

AKS-74U 冲锋枪最大的特点就是枪管较短,所以枪口初速较低,射程较短,是一种近距离自卫武器。该枪的导气孔位置太靠近枪口,因此在枪口处安装了消焰器和气体膨胀室装置。这种装置能使未充分燃烧的火药燃气得以充分膨胀,以减少枪口火焰。

AKS-74U 冲锋枪改进了机匣盖的设计,较好地解决了潜在的机匣盖难以正确装配的问题。取下机匣盖后,射手便可轻松地拆卸 AKS-74U 冲锋枪。

解密经典兵器

PP-2000 冲锋枪

杀伤力

　　PP-2000 冲锋枪采用独创的减速机构，因而在连发射击时能保证射击密集度和有效性。PP-2000 冲锋枪的最大优势表现在它的杀伤性能上。在 90 米射程内，PP-2000 冲锋枪发射主用弹 7H 31 防御枪弹，可击穿硬装甲防护的防弹背心，也可有效打击车内目标。

近战英雄——冲锋枪

设计特点

PP-2000冲锋枪采用可折叠枪托，枪托展开后射手可抵肩射击。包络式的枪机缩短了枪管长度，同时也为射手提供了安全保障。

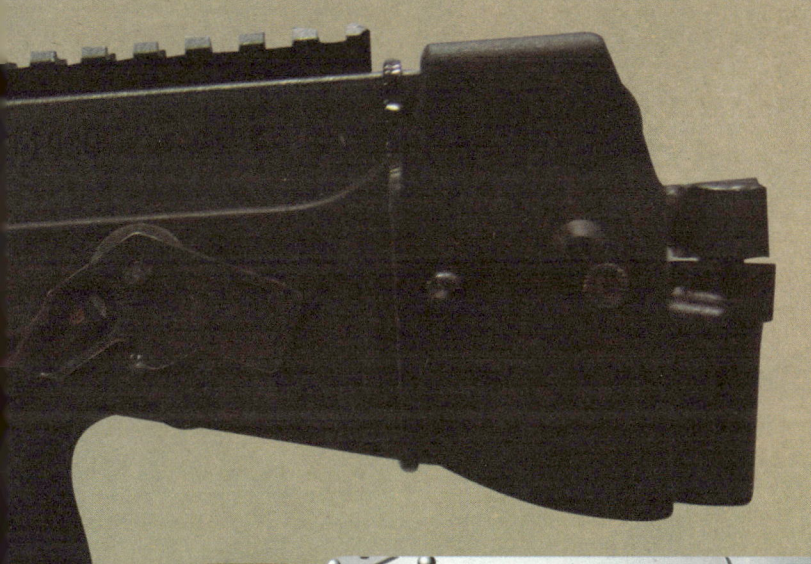

机密档案

型号：PP-2000

口径：9毫米

枪长：300毫米

枪重：1.4千克

弹容：20发/40发

理论射速：600发/分

解密经典兵器

使用情况

　　PP-2000冲锋枪作为近距离作战武器主要供特种部队和警察使用，还可作为个人自卫武器供军队的技术人员、各种战车的驾驶员以及内部通信维护人员使用。PP-2000冲锋枪能使用9×19毫米帕拉贝鲁姆手枪弹，这使它不仅满足了俄罗斯国内市场的需要，同时还可以远销国外市场。

维护简单

　　PP-2000冲锋枪结构十分简单，零部件极少。全枪外形紧凑，体积较小。机匣与握把和扳机护圈是一个整体部件，扳机护圈的前部可兼做前握把。

第三章
德国冲锋枪

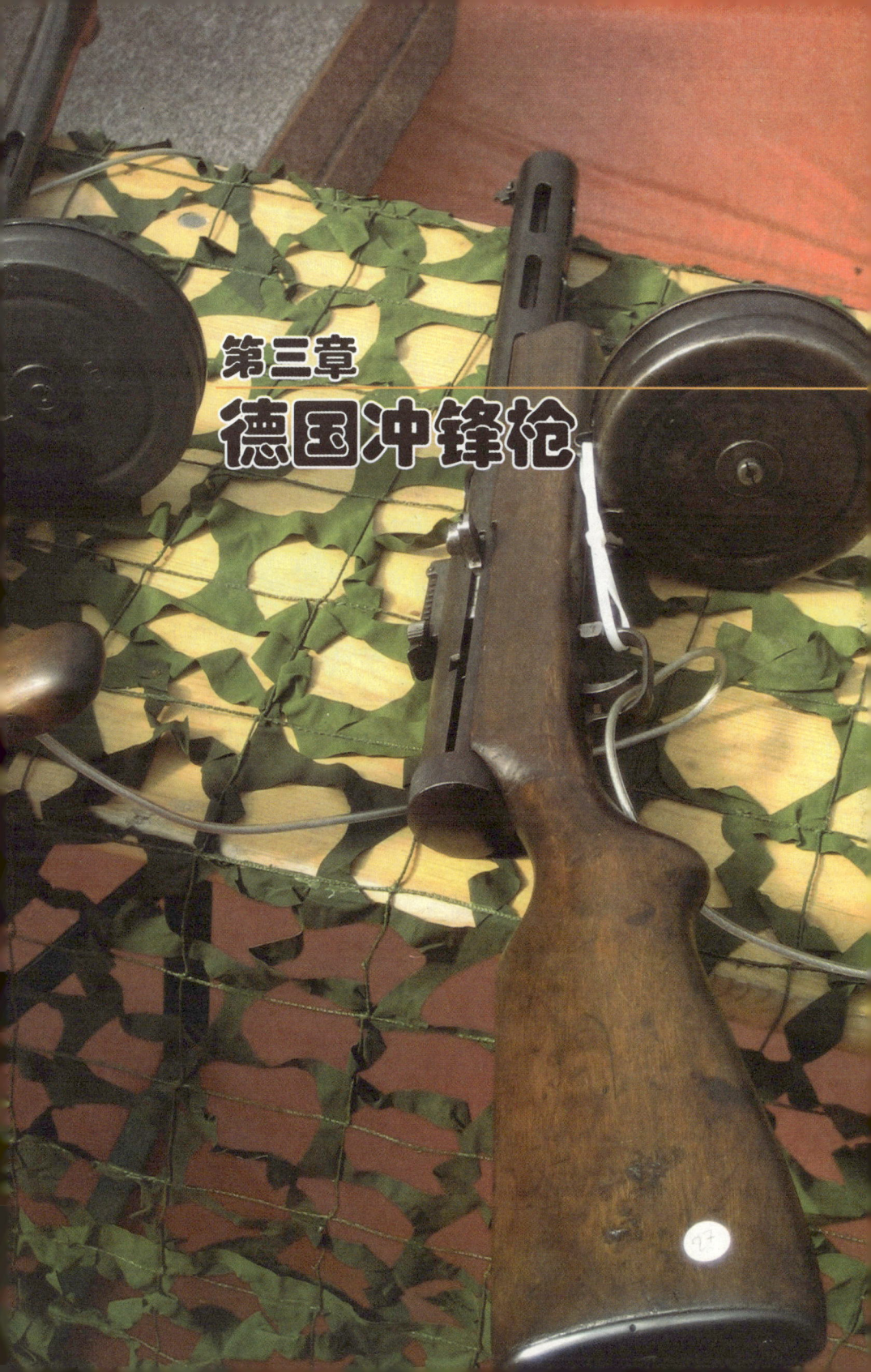

解密经典兵器

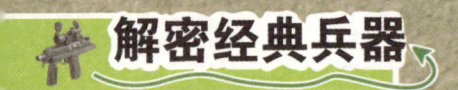

MP5(标准型)冲锋枪

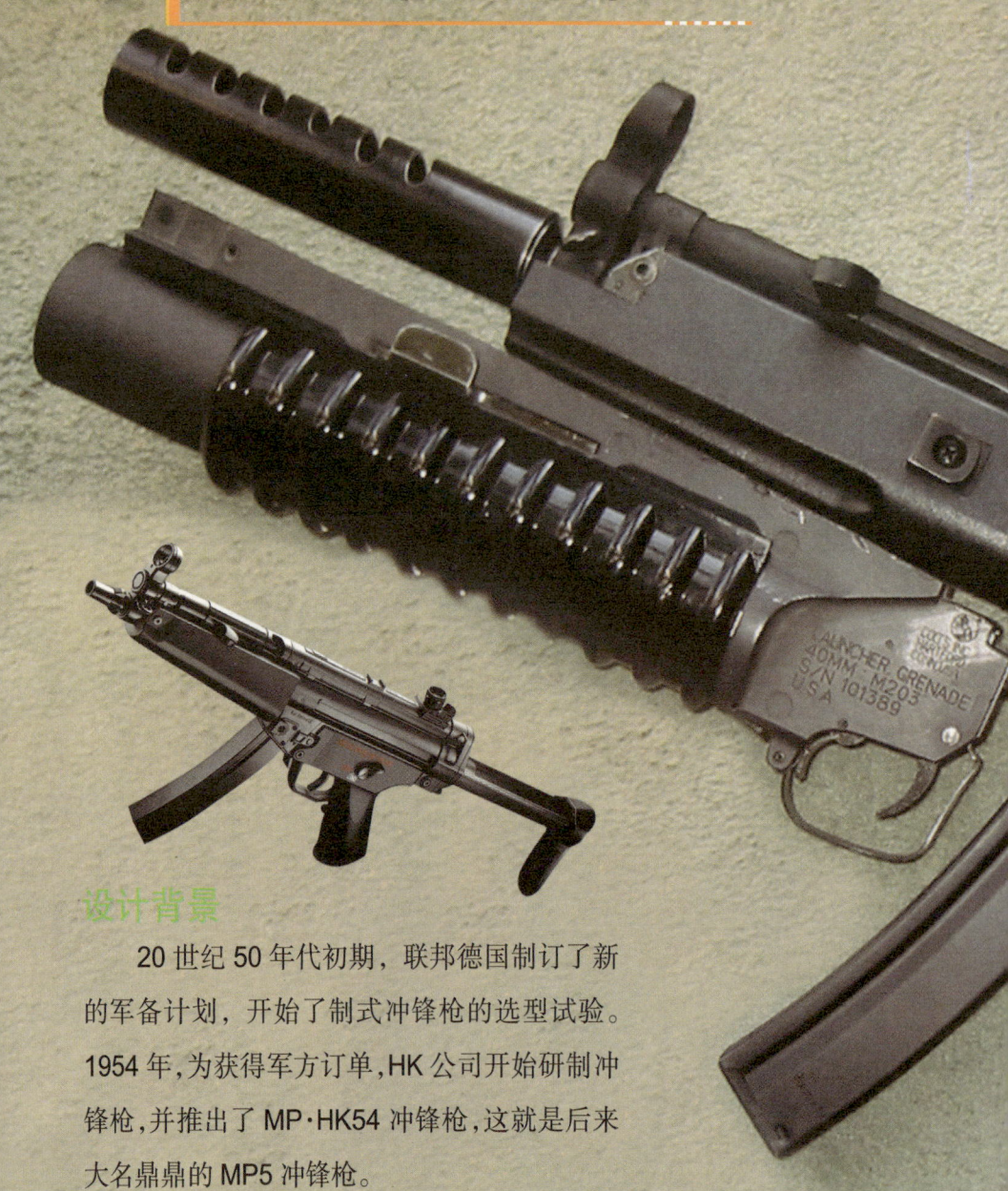

设计背景

20世纪50年代初期,联邦德国制订了新的军备计划,开始了制式冲锋枪的选型试验。1954年,为获得军方订单,HK公司开始研制冲锋枪,并推出了MP·HK54冲锋枪,这就是后来大名鼎鼎的MP5冲锋枪。

操控性

MP5冲锋枪在连发使用时后坐力极小，单手射击时有良好的稳定性，枪托顶在肩膀上时也几乎没有感觉。MP5冲锋枪有极强的威慑力，受到了使用者一致好评。

解密经典兵器

操作特色

我们经常在一些纪录片或影视作品中看到 MP5 冲锋枪的使用者用力拍拉机柄的潇洒镜头,这正是 MP5 冲锋枪的操作特色。

射击精度

MP5冲锋枪性能优越,特别是它的射击精度非常高,这是因为MP5采用了与G3步枪一样的半自由枪机和滚柱闭锁方式,保证了在半自动和全自动射击模式中的精准度。

机密档案

型号:MP5

口径:9毫米

枪长:680毫米

枪重:2.54千克

弹容:15发/30发

理论射速:800发/分

解密经典兵器

MP5K 冲锋枪

设计特点

MP5K 冲锋枪是 HK 公司在 1976 年推出的短枪管冲锋枪。该枪无枪托，枪管也较短，在枪管下方增加了垂直小握把，小握把前方还设有一个向下延伸的凸块，目的是对握前握把的手指进行限位。

近战英雄——冲锋枪

优点

　　MP5K 冲锋枪枪身较短，射手可将其藏入衣服或公文包内，不易被发现。而且其操作简便，火力强大，射击精度高，必要时可单手操作，适合特种部队和反恐部队使用。

解密经典兵器

公文包冲锋枪

MP5K公文包冲锋枪的扳机和保险可以通过提包把手上的联动装置操作，枪可以直接在提包内发射，这是HK公司专为隐蔽警卫的需要而开发的。

近战英雄——冲锋枪

MP5K-PDW

HK 公司后来开发的 MP5K-PDW 冲锋枪采用美国一种小型右侧折叠式塑料枪托。折叠式枪托可拆卸，成为无枪托的形式；也可根据用户的需要，将折叠式枪托装在 MP5K 冲锋枪的任意型号上。

机密档案

型号：MP5K

口径：9 毫米

枪长：325 毫米

枪重：2 千克

弹容：15 发 /30 发

理论射速：900 发 / 分

解密经典兵器

MP5/10 冲锋枪

研发背景

美国联邦调查局配备的所有手枪使用的都是 10 毫米 AUTO 弹，而冲锋枪使用的是 9 毫米子弹。FBI 明显感到 9 毫米枪弹威力不足，于是希望研制一款可以发射 10 毫米 AUTO 弹的冲锋枪。1994 年，HK 公司根据美国联邦调查局提出的要求，研制出了 MP5/10 冲锋枪。

你知道吗？

MP5/10 冲锋枪的枪托折叠后，紧贴在枪身右侧。并联的弹匣可以保证子弹供应，提供稳定的火力支援。

近战英雄——冲锋枪

解密经典兵器

改进型号

MP5/10N冲锋枪是MP5/10冲锋枪的最新型号,是根据美国海军特种部队的需要而研制的,即海军型MP5/10冲锋枪。

优良的设计

　　为了能发射 10 毫米 AUTO 弹，MP5/10 冲锋枪强化了枪身，加强了拉机柄，采用直式塑料弹匣。除此之外，该枪还采用了一种新型的空仓挂机柄，当新弹匣插进弹匣槽后，射手可以用左手解脱位于扳机正上方的空仓挂机柄，使枪处于待击状态。

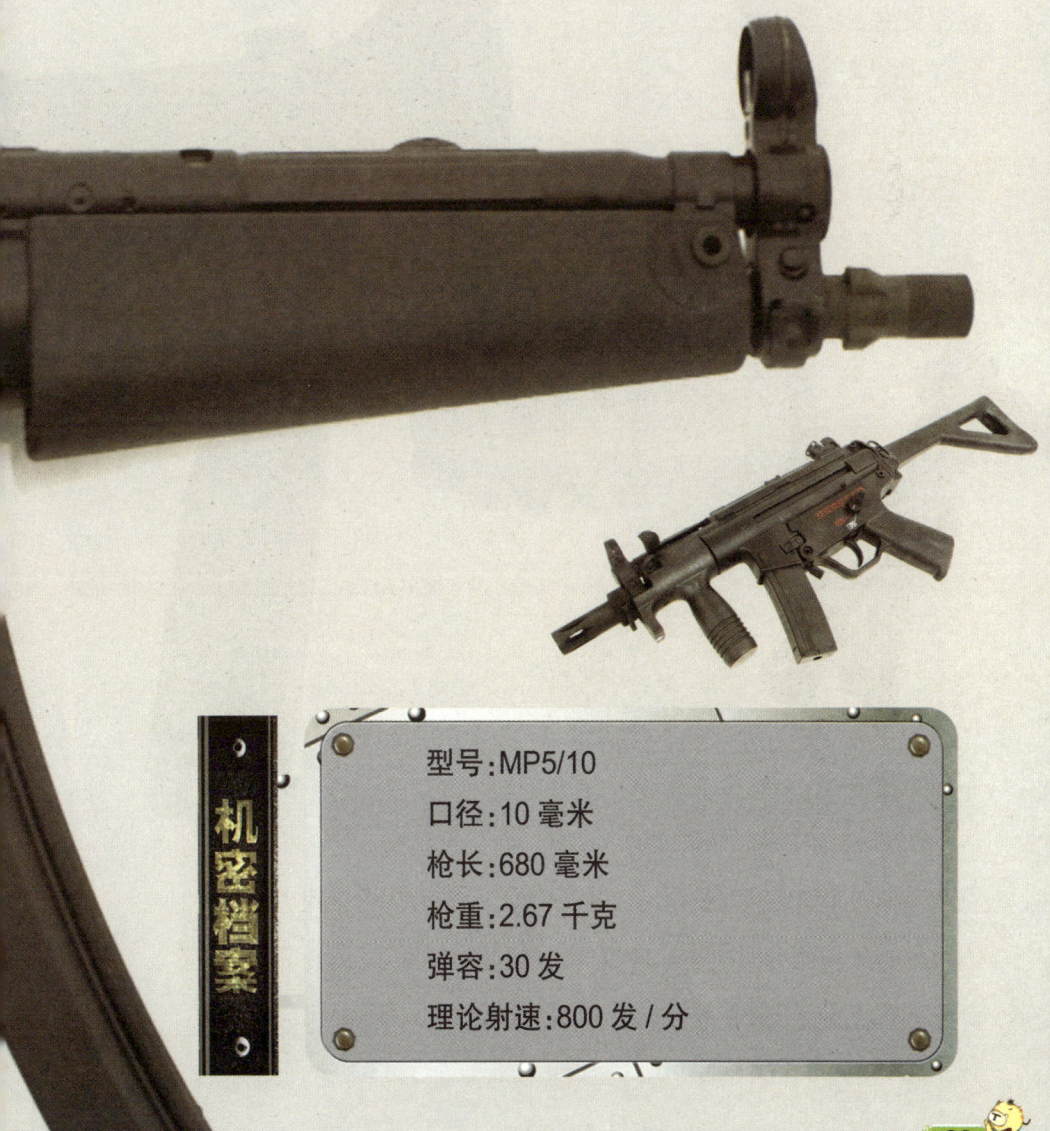

机密档案

型号：MP5/10

口径：10 毫米

枪长：680 毫米

枪重：2.67 千克

弹容：30 发

理论射速：800 发/分

解密经典兵器

HK UMP45 冲锋枪

知名度

UMP45 冲锋枪不仅深受枪迷喜爱，而且经常出现在游戏中，是玩家的首选武器之一。

研制背景

以往，美国特种部队中没有 11.43 毫米口径的冲锋枪。在长期的作战实践中，美国的特种作战人员急需一种能够使用手枪弹、方便后勤保养和供给、适合拯救人质任务的特种作战冲锋枪。在这样的背景下，HK 公司研制的 UMP45 冲锋枪在 1998 年底交付美军进行试验。

近战英雄——冲锋枪

设计特点

UMP45冲锋枪可安装小握把、瞄准镜、战术灯和激光瞄准具等战术附件,其可折叠枪托坚固、轻便,而且抵肩射击时非常舒适。

机密档案

型号:UMP45

口径:11.43毫米

枪长:450毫米

枪重:2.27千克

弹容:25发

理论射速:580发/分—700发/分

解密经典兵器

MP7 冲锋枪

出色设计

MP7 冲锋枪野外分解方便。全枪仅由 3 个销钉固定，只要有枪弹作为"工具"，用弹尖顶出固定上、下机匣和枪托组件的固定销即可完成整枪分解工作。MP7 冲锋枪的人机工效好，除更换弹匣外，整个操枪射击过程完全可以由单手完成。

枪口螺纹

MP7 冲锋枪枪口有螺纹，平时安装消焰器，必要时，可安装消声器做微声冲锋枪使用。

近战英雄——冲锋枪

机密档案

型号:MP7

口径:4.3毫米

枪长:590毫米(枪托展开)

枪重:1.6千克

弹容:20发/40发

理论射速:950发/分—1 000发/分

解密经典兵器

科普课堂

MP7冲锋枪一问世便迅速抢占武器市场，目前已装备德国特种部队、宪兵队，以及英国的特别空勤团。

改进

　　MP7冲锋枪在原型枪的基础上,扳机上方增加了可双手操作的枪机保险,使武器的安全性得到提高。枪托底板部分增加了厚度,握把进行了防滑处理。在机匣上方安装了较长的皮卡汀尼导轨,小握把右侧也加装了较短的皮卡汀尼导轨。

解密经典兵器

HK53 冲锋枪

瞄准装置

HK53 冲锋枪采用滚柱闭锁的半自由枪机式工作原理,配备机械瞄准具,准星为柱形,照门有觇孔式和"V"形缺口式两种。

研制背景

HK53 冲锋枪由德国 HK 公司研制,用于近距离内杀伤敌方有生目标。HK 公司以 HK33 突击步枪为设计蓝本,将枪长缩短了 12 厘米,并经过了细节的优化,设计出了 HK53 冲锋枪。

近战英雄——冲锋枪

枪体结构

HK53冲锋枪的枪托缩入时整枪长度只有563毫米，可配用传统的固定式塑料枪托或双杆伸缩式金属枪托，适合在狭小空间使用。

机密档案

型号：HK53

口径：5.56毫米

枪长：755毫米（枪托展开）

枪重：3.05千克

弹容：25发

理论射速：700发/分

解密经典兵器

MP43 冲锋枪

军事地位

　　MP43 冲锋枪是由德国黑内尔公司、毛瑟公司和埃尔玛公司在第二次世界大战末期开始大量生产的冲锋枪，也是世界上最先使用中间型枪弹的冲锋枪。

近战英雄——冲锋枪

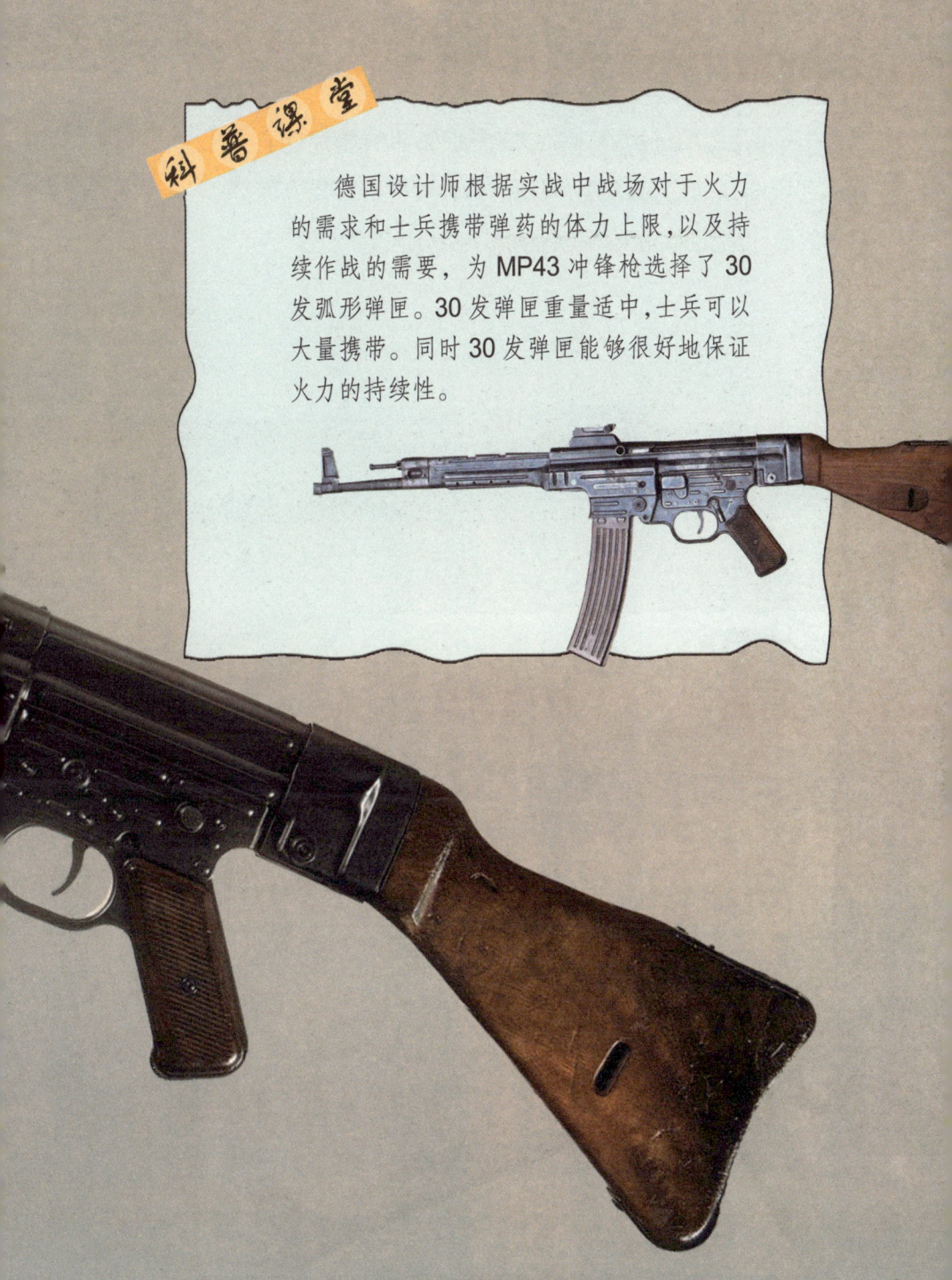

科普课堂

德国设计师根据实战中战场对于火力的需求和士兵携带弹药的体力上限,以及持续作战的需要,为 MP43 冲锋枪选择了 30 发弧形弹匣。30 发弹匣重量适中,士兵可以大量携带。同时 30 发弹匣能够很好地保证火力的持续性。

解密经典兵器

后续改进

在批量生产的过程中，德国又对 MP43 冲锋枪进行了一系列改进，取消了刺刀座，固定的榴弹发射器改装为可拆卸式的，握把也根据人体工程学做了相应的改进。

性能特点

MP43 冲锋枪在使用中型威力枪弹射击时，子弹的初速度和射程都不如步枪和轻机枪。但其在 400 米距离射击时，易于控制，射击精度高，而且连发射击火力强大。

近战英雄——冲锋枪

机密档案

型号:MP43

口径:7.92毫米

枪长:940毫米

枪重:5.22千克

弹容:30发

理论射速:700发/分

解密经典兵器

MPL 冲锋枪

枪体结构

MPL 冲锋枪的枪机形状很特殊，呈"L"形，其上部重量较大，并向前延伸至枪管上方。这样的设计让 MPL 冲锋枪结构紧凑，而且重心稳定在枪体前部位置，可有效减小枪口跳动。

人性化设计

MPL 冲锋枪有很多零件都是用厚钢板冲压件制成的，具有较高的可靠性和耐用性，而且，该枪拉机柄位于护套的左前方，向上突起，即使左撇子射手使用也很方便。

近战英雄——冲锋枪

机密档案

型号:MPL

口径:9毫米

枪长:746毫米(枪托展开)

枪重:3千克

弹容:32发

理论射速:550发/分

瞄准装置

　　MPL冲锋枪机匣顶部装有机械瞄准具,准星呈片状,带护翼。MPL冲锋枪的照门为觇孔和缺口组合式,是两个分别装定为100米和200米的翻转式照门。

解密经典兵器

MPK 冲锋枪

设计特点

MPK 冲锋枪与 MPL 冲锋枪同为 MP 冲锋枪家族中的一员,二者在外形上非常相似,工作原理也大致相同。MPK 冲锋枪内部设计有不到位保险,可以避免走火现象发生,其在问世时是性能比较先进的冲锋枪,主要装备联邦德国的警察。

近战英雄
——冲锋枪

前冲击发

　　MPK冲锋枪因为采用前冲击发的工作方式，所以拉动拉机柄后，枪机会停留在后侧，当扣下扳机时，枪机复进，其下部的推弹凸榫从弹匣中推出枪弹，枪弹在导弹斜面的导引下进入弹膛。

解密经典兵器

性能特点

　　MPK 冲锋枪的枪机在复进过程中会抵销一部分火药燃气产生的反作用力,对于降低后坐力有很大作用。另外,该枪的枪机两侧还有纵向凹槽,能够容纳灰尘和污物,保证枪械在恶劣环境中的可靠性。

机密档案

型号:MPK

口径:9 毫米

枪长:462 毫米

枪重:2.83 千克

弹容:32 发

理论射速:550 发/分

第四章
意大利冲锋枪

解密经典兵器

M12 冲锋枪

并不出名

意大利伯莱塔公司生产的 12 型冲锋枪简称 M12 冲锋枪，1959 年问世，于 1961 年成为意大利军队的制式冲锋枪，并出口到许多国家。M12 冲锋枪结构紧凑，操作简单，性能可靠，但是它在国际上并不出名。

枪体结构

M12 冲锋枪的前握把、弹匣插座、发射机座和后握把等为整体部件，同时也是机匣的一部分。M12 采用冲锋枪常见的自由后坐式原理和开膛待击，其采用的包络式枪机也是多数现代冲锋枪的典型特征。

近战英雄 —— 冲锋枪

特殊喷涂

M12冲锋枪的表面喷涂环氧树脂材料，大大地提高了抗腐蚀和耐磨性。

机密档案

型号：M12

口径：9毫米

枪长：645毫米

枪重：2.98千克

弹容：20发/30发/40发

理论射速：550发/分

解密经典兵器

M4 冲锋枪

研制背景

1982年，位于意大利都灵的赛茨公司开始研制M4冲锋枪。当时欧洲经常遭到恐怖袭击，赛茨公司针对本国12年来的城市反恐怖活动的经验教训，设计了一种隐蔽性极好并能在极近射程内提供强大火力的小型突击武器，该枪绰号"幽灵"。

你知道吗？

M4冲锋枪的击发方式为平移式击锤击发。该枪的设计思想是简化射击操作，能在遇到突发事件时立即举枪射击。

近战英雄
——冲锋枪

独特的冷却装置

M4冲锋枪的枪机在运动时可将空气吸进枪管护套内，以此冷却枪管和动作机构。

解密经典兵器

机密档案

型号：M4

口径：9毫米

枪长：580毫米

枪重：2.9千克

弹容：30发/50发

理论射速：850发/分

优缺点

虽然M4冲锋枪也运用了自由后坐式原理，但它采用的是闭膛待机，这样设计的优点是命中精度较高，但因其以连发为主，所以不利于散热。

第五章
其他国家冲锋枪

解密经典兵器

英国 司登冲锋枪

命名原因

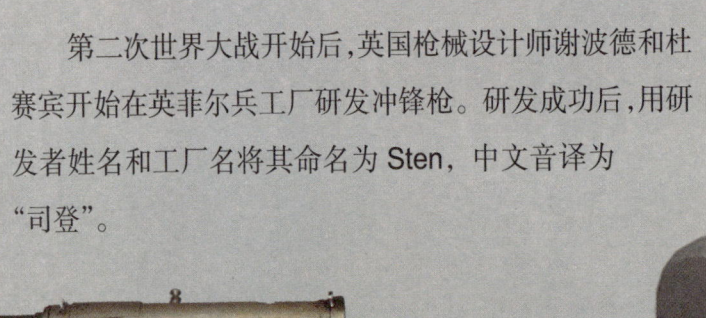

第二次世界大战开始后,英国枪械设计师谢波德和杜赛宾开始在英菲尔兵工厂研发冲锋枪。研发成功后,用研发者姓名和工厂名将其命名为Sten,中文音译为"司登"。

近战英雄
——冲锋枪

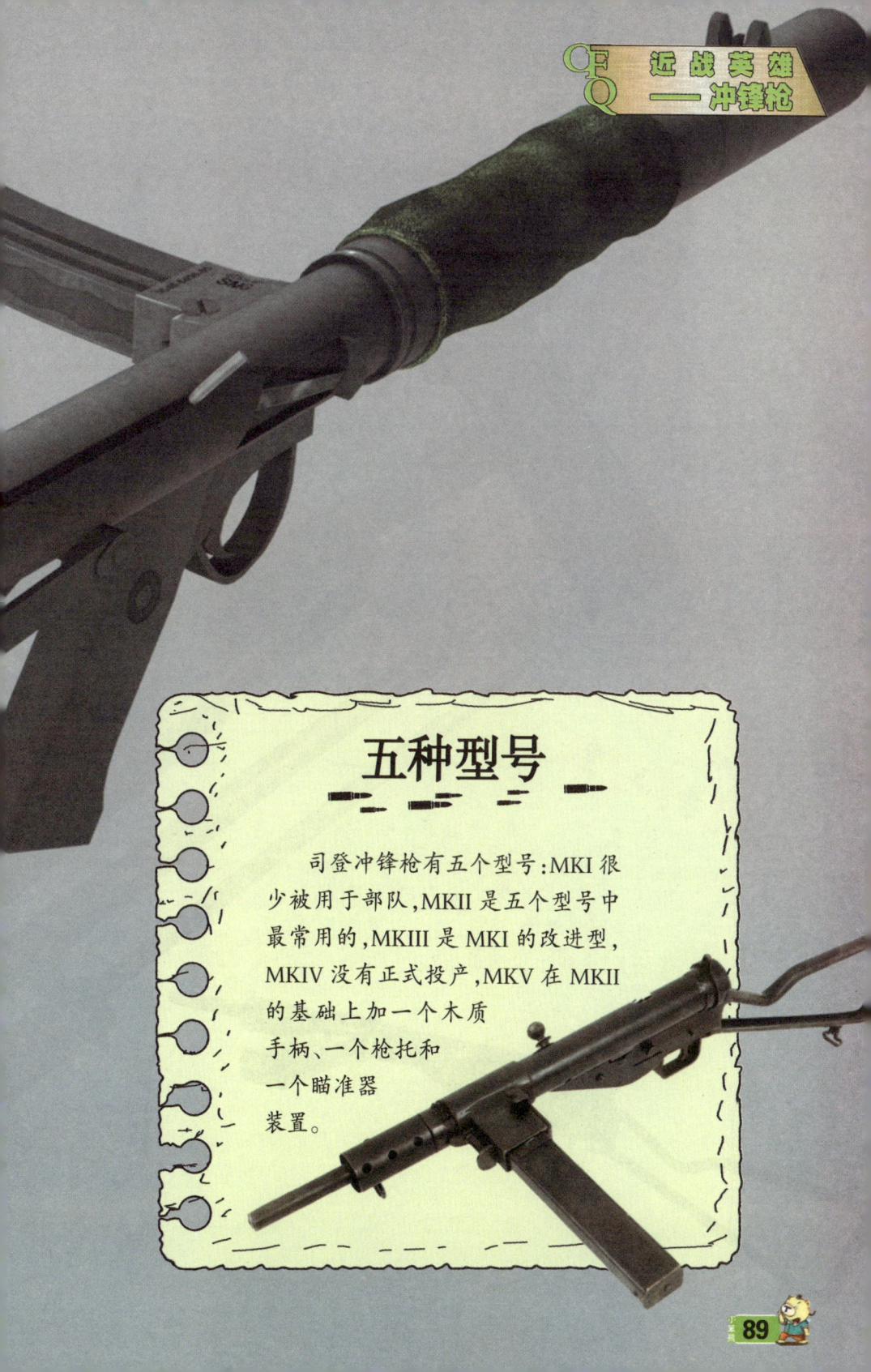

五种型号

司登冲锋枪有五个型号：MKI很少被用于部队，MKII是五个型号中最常用的，MKIII是MKI的改进型，MKIV没有正式投产，MKV在MKII的基础上加一个木质手柄、一个枪托和一个瞄准器装置。

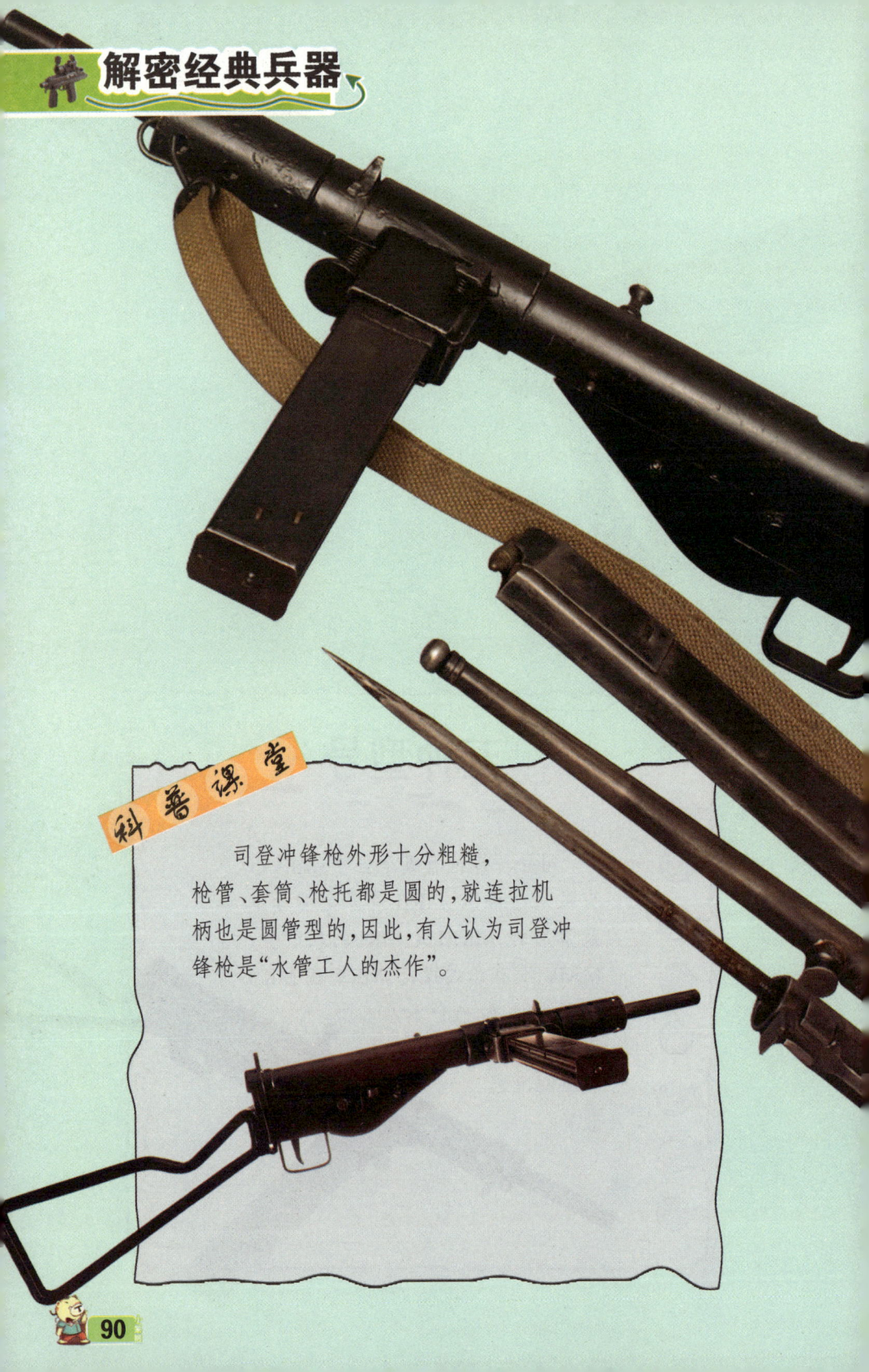

解密经典兵器

科普课堂

司登冲锋枪外形十分粗糙，枪管、套筒、枪托都是圆的，就连拉机柄也是圆管型的，因此，有人认为司登冲锋枪是"水管工人的杰作"。

近战英雄——冲锋枪

机密档案

型号：MKII
口径：9毫米
枪长：760毫米
枪重：3.18千克
弹容：32发
理论射速：600发/分

简单耐用

　　司登冲锋枪结构简单，而且非常耐用，能够经受住恶劣战争环境的考验，再加上造价较低、生产工艺简单，司登冲锋枪成为第二次世界大战期间盟国军队广泛使用的武器。

解密经典兵器

奥地利 MPi69 冲锋枪

设计特点

MPi69 冲锋枪大部分零件为冲压件,部分为模铸塑料件,其结构简单,工艺性良好。

瞄准装置

MPi69 冲锋枪和 MPi81 冲锋枪一样,都配备机械瞄准具和单点式瞄准镜。机械瞄准具为柱形准星,表尺呈"L"形,两个觇孔照门的射程装定分别为 200 米和 100 米,而单点式瞄准镜则由螺栓固定在机匣的连接座上。

近战英雄 —— 冲锋枪

机密档案

型号：MPi69

口径：9毫米

枪长：670毫米

枪重：2.93千克

弹容：25发

理论射速：650发/分

保险机构

MPi69冲锋枪的保险机向右推露出"S"时表示处于保险状态，向左推露出"F"则表示处于发射状态。MPi69冲锋枪的枪机上设置了保险凹槽，可防止意外走火。

解密经典兵器

奥地利 TMP 冲锋枪

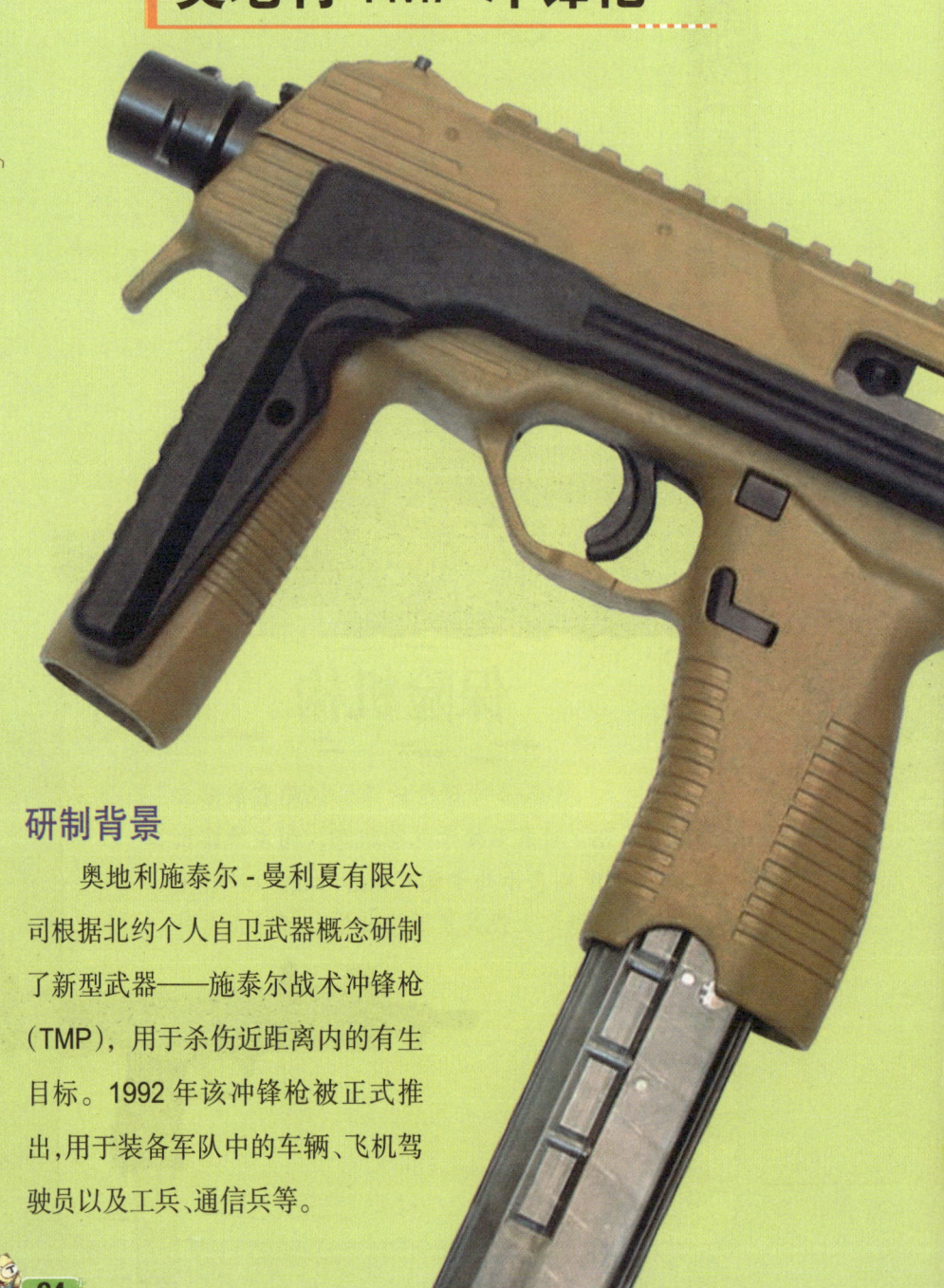

研制背景

奥地利施泰尔 - 曼利夏有限公司根据北约个人自卫武器概念研制了新型武器——施泰尔战术冲锋枪（TMP），用于杀伤近距离内的有生目标。1992 年该冲锋枪被正式推出，用于装备军队中的车辆、飞机驾驶员以及工兵、通信兵等。

近战英雄——冲锋枪

机密档案

型号:TMP

口径:9毫米

枪长:282毫米

枪重:1.3千克

弹容:15发/30发

理论射速:850发/分

结构特点

　　TMP冲锋枪枪体结构简单,操作简便。该枪几乎全部采用塑料配件,且零件数量较少,仅有41个。

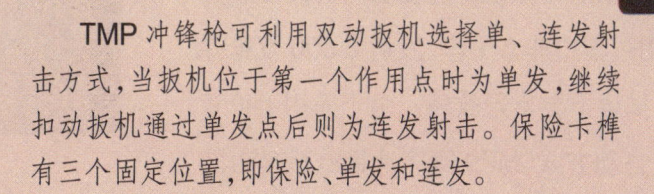

　　TMP冲锋枪可利用双动扳机选择单、连发射击方式,当扳机位于第一个作用点时为单发,继续扣动扳机通过单发点后则为连发射击。保险卡榫有三个固定位置,即保险、单发和连发。

解密经典兵器

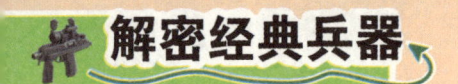

瑞士 MP9 微声冲锋枪

人性化设计

　　MP9 微声冲锋枪采用枪管回转式闭锁方式,使用过程中非常干净,发射 6 000 发枪弹后不擦拭也不会出现故障。由于采用了枪管短后坐自动方式,MP9 微声冲锋枪后坐力较小,使用者可将枪抵肩,舒适地射击。

近战英雄——冲锋枪

机密档案

型号:MP9

口径:9毫米

枪长:725毫米

枪重:1.4千克

弹容:15发/20发/25发/30发

理论射速:650发/分

携带方便

MP9微声冲锋枪携带舒适安全,位于后部中间的背带环可以将枪体挂在携带者的脖子上或者肩膀上。

设计特点

MP9微声冲锋枪外形尺寸小,适合在多种地形作战。该枪大量采用工程塑料,防腐性好。MP9微声冲锋枪最独特的地方在于其中间部位有齿状突起,能够起到闭锁和散热的作用。

解密经典兵器

葡萄牙 卢萨冲锋枪

名字由来

卢萨冲锋枪，又称为卢萨 A1 冲锋枪。"卢萨"这个名字取自"路斯坦尼阿"，是现今葡萄牙疆土在罗马时期的名字。卢萨冲锋枪结构简单、紧凑，并且动作可靠。

结构特点

卢萨冲锋枪的枪管通过螺母固定，可快速拆卸或更换。弹匣插座可同时做前握把，伸缩式枪托的钢杆可沿机匣内凹槽滑动。

近战英雄——冲锋枪

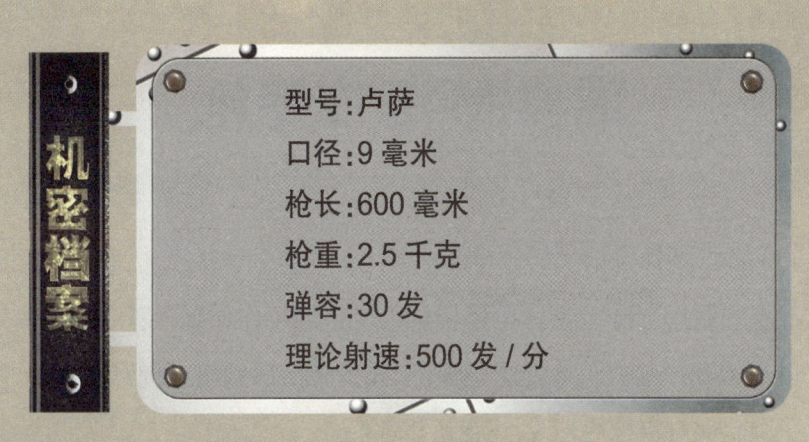

机密档案

型号:卢萨

口径:9毫米

枪长:600毫米

枪重:2.5千克

弹容:30发

理论射速:500发/分

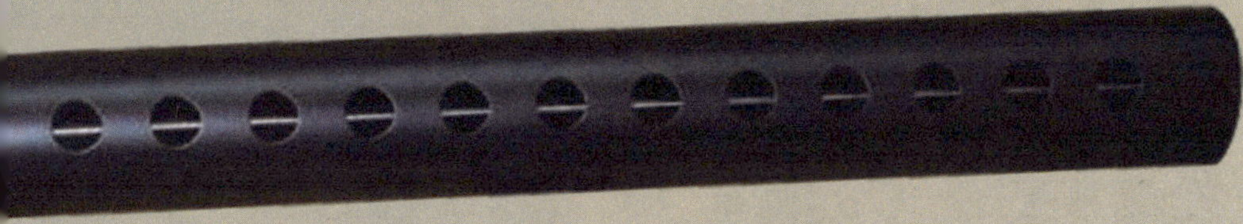

科普课堂

卢萨冲锋枪共有两种结构形式:标准型配有螺母紧固的可拆卸枪管;另一种型号采用固定式枪管,并通过冷却枪管接套将其固定在机匣上。

解密经典兵器

瑞典 M45 冲锋枪

设计特点

　　M45 冲锋枪的大部分零部件采用了冲压和铆接工艺，整个枪也因此坚固耐用。M45 冲锋枪采用自由枪机式工作原理，使用卡尔·古斯塔夫的 36 发弹匣，该弹匣呈楔形，托弹板向后倾斜，可使最上面一发子弹斜向对正枪膛轴线，供弹可靠性好。

生产工艺

　　M45 冲锋枪成本较低，其大部分零部件采用冲压和铆接工艺生产。这种工艺相对简单，方便批量生产，该枪又坚固耐用，适合短时间内大量装备。

近战英雄——冲锋枪

机密档案

型号：M45

口径：9毫米

枪长：808毫米

枪重：3.4千克

弹容：36发

理论射速：600发/分

两次改进

M45B冲锋枪是瑞典对M45冲锋枪进行两次改进生产的。第一次改进是采用可卸式弹匣，使该枪可配装36发或50发弹匣；第二次改进，采用了只能容纳36发的固定式弹匣，并且弹匣表面进行了烤瓷处理，还加装了一个改进的枪尾板固定装置。

解密经典兵器

捷克 VZ61 冲锋枪

作战优势

VZ61 冲锋枪既可作为手枪单手射击，也可作为冲锋枪打开枪托抵肩射击。除此之外，还可不用枪托采用双手持枪的方式进行射击，射击时一手握弹匣，另一手抓住握把，也能较好地控制射击方向。在执行特殊任务时，还可安装消音器，隐蔽性较强。

设计特点

VZ61 冲锋枪可以安装不同型号的弹匣以应对不同的作战需求，还可以安装战术灯和指示器等战术附件，满足不同使用者的需求。

优劣共存

VZ61冲锋枪具有制造精良、结构简单、动作可靠、零部件互换性好的优点，但也有着有效射程近、只适合25米内的战斗、安装消音器后的后坐力大、不易控制的缺点。

机密档案

型号：VZ61

口径：7.65毫米

枪长：522毫米

枪重：1.3千克

弹容：10发/20发

理论射速：800发/分

解密经典兵器

南斯拉夫 MGV-176 冲锋枪

研制背景

MGV-176 冲锋枪是南斯拉夫共和国仿制美国的 American-180 冲锋枪而生产的新型冲锋枪。这款冲锋枪于 20 世纪 80 年代投产并装备于军队,同时也供出口。

枪体结构

MGV-176 冲锋枪由枪管、枪机、机匣、击发和发射机构、弹鼓、小握把和折叠式金属枪托组成。枪的左侧设有快慢机柄,并有自动握把保险。

近战英雄——冲锋枪

后坐力小

　　MGV-176冲锋枪使用5.6毫米口径枪弹,这种枪弹的威力很弱,只能近距离使用。令人欣慰的是,MGV-176冲锋枪在连发射击时,后坐力很小,并且拥有较高的射速和命中率。

机密档案

型号:MGV-176

口径:5.6毫米

枪长:745毫米

枪重:2.78千克

弹容:176发

理论射速:1 200发/分—1 600发/分

解密经典兵器

波兰 PM84 冲锋枪

研制过程

20世纪80年代初期,性能日趋落后的 PM63 冲锋枪已经无法满足波兰陆军的使用需要,于是波兰拉多姆公司研制出了一款新型冲锋枪,并于1984年定型投产,得名 PM84 冲锋枪。

枪体结构

PM84 冲锋枪大量采用冲压件,只有枪机和枪管由机械加工而成。PM84 冲锋枪采用包络式枪机,自由枪机式自动原理,开膛待击,弹匣插在垂直握把里。

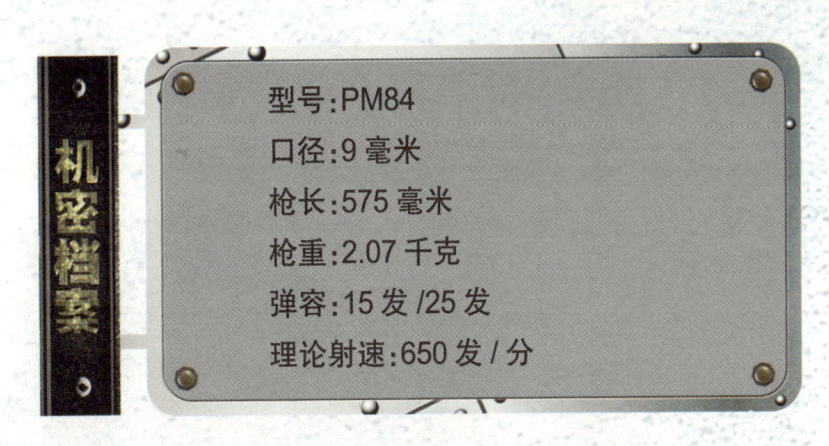

近战英雄
——冲锋枪

机密档案

型号：PM84

口径：9毫米

枪长：575毫米

枪重：2.07千克

弹容：15发/25发

理论射速：650发/分

设计特点

　　PM84冲锋枪设计十分紧凑，枪身整体尺寸较小，质量轻，射击精度高，并且点射时稳定性好，因此它通常被用作自卫武器。

解密经典兵器

比利时 FN P90 冲锋枪

性能优越

FN P90 冲锋枪的子弹初速高,后坐力适中,弹匣容量大,因此成为了现今性能最佳的军用冲锋枪之一。

结构特点

FN P90 冲锋枪的外形十分独特,这种独特的外形符合人体工程学的要求。FN P90 冲锋枪的握把类似竞赛用枪,扣把的手在靠近头部的同时不会感到不适。圆滑的外观也减少了 FN P90 冲锋枪被衣服挂扯的概率。

近战英雄——冲锋枪

机密档案

型号:FN P90

口径:5.7 毫米

枪长:500 毫米

枪重:2.54 千克

弹容:50 发

理论射速:900 发/分

瞄准装置

　　FN P90 冲锋枪的瞄准具主要是光学瞄准镜,这是一种昼夜功能俱佳的瞄准镜,可以迅速捕捉到目标。

解密经典兵器

以色列 乌兹冲锋枪

发展历程

乌兹冲锋枪是以色列军人乌兹·盖尔于1949年研制成功的轻型武器。1951年,以色列开始批量生产乌兹冲锋枪。1954年,乌兹冲锋枪全面装备以色列军队。

优点

乌兹冲锋枪小巧精悍,结构简单,方便拆装和携带;可靠性高,扔进水里、埋进沙里甚至从高空扔下,它都依然能正常射击。

近战英雄——冲锋枪

两种型号

乌兹冲锋枪有两种型号：木质枪托为早期型，折叠枪托为标准型。

机密档案

型号：标准型乌兹

口径：9毫米

枪长：500毫米

枪重：3.5千克

弹容：20发/25发/32发/40发/50发

理论射速：600发/分

图书在版编目(CIP)数据

近战英雄：冲锋枪 / 崔钟雷主编. -- 长春：
吉林美术出版社，2013.9（2022.9重印）
　（解密经典兵器）
　ISBN 978-7-5386-7899-4

Ⅰ. ①近… Ⅱ. ①崔… Ⅲ. ①冲锋枪 - 世界 - 儿童读物　Ⅳ. ①E922.13-49

中国版本图书馆 CIP 数据核字（2013）第 225144 号

近战英雄：冲锋枪
JINZHAN YINGXIONG: CHONGFENGQIANG

主　　编	崔钟雷
副 主 编	王丽萍　张文光　翟羽朦
出 版 人	赵国强
责任编辑	栾　云
开　　本	889mm×1194mm　1/16
字　　数	100 千字
印　　张	7
版　　次	2013 年 9 月第 1 版
印　　次	2022 年 9 月第 3 次印刷

出版发行	吉林美术出版社
地　　址	长春市净月开发区福祉大路5788号
	邮编：130118
网　　址	www.jlmspress.com
印　　刷	北京一鑫印务有限责任公司

ISBN 978-7-5386-7899-4　　定价：38.00 元